УДК 821.112.5'06-93
К91

Присвячую цю книгу всім медпрацівникам,
які ведуть титанічну боротьбу у всьому світі.
— Тон Куне

Тон Куне
Полювання на вірус
Серія «Моя енциклопедія»

First published in 2020 by Clavis under the title Virusjager.

Обкладинка: Studio Clavis
Джерела ілюстрацій: Shutterstock, PixelSquid

Перекладачка з нідерландської Наталія Карпенко
Літературна редакторка Оксана Давидова
Дизайнер Денис Борисюк
Головна редакторка Марія Курочкіна

Полювання на вірус / Тон Куне ; пер. з нід. Наталії Карпенко. —
К. : АРТБУКС, 2020. — 64 с.

Видавництво «АРТБУКС»
Свідоцтво про внесення до державного реєстру
видавництв ДК № 5019 від 01.12.2015
Адреса для листування: 01004, м. Київ,
вул. Велика Васильківська, 13/1, оф. 200
тел.: 0 (800) 30 90 03
www.artbooks.ua
book@artbooks-publishing.com
artbooks.ua
publishingartbooks

Віддруковано «Типографія від "А" до "Я"»
Адреса: м. Київ, вул. Колекторна, 38/40
тел.: +38 (044) 562 41 42
Підписано до друку 26.11.2020.
Формат 70х100/8 Умовн. друк. арк. 7,7
Наклад 3000 прим. Зам. №4030

ISBN 978-617-7940-15-8

Тон Куне

Полювання на вірус

Новий і невідомий вірус блискавично розповсюджується планетою. Діти більше не ходять до школи. Магазини, заводи та офіси закриті. Усім треба залишатися вдома. Мільйони людей серйозно хворіють. І дотепер так і немає ліків чи вакцини проти цієї хвороби.

Але є надія, бо найрозумніші вчені всього світу зібралися разом у таємній лабораторії. Професор Мудренко і його команда зробили винахід: нанозменшувач. За його допомогою вчені можуть зменшити до нанорозмірів підводний човен з оператором і ввести його через шприц у тіло пацієнта. Опинившись всередині, оператор зможе знайти вірус для подальших досліджень.

Вчені вибрали для цієї пригоди одинадцятирічну дівчинку. Її звати Зоя. Тільки дитина може вирушити у цю небезпечну подорож, бо дітей цей вірус майже ніколи не зачіпає…

Пацієнт лежить у ліжку, біля якого стоять усілякі машини з трубками. Зоя проводитиме дослідження у його тілі.

Професор запевняє Зою:

— Ми будемо в контакті одне з одним за допомогою вебкамери і радіозв'язку. Але будь уважною, бо подорож може бути небезпечною. Тіло пацієнта може сприйняти тебе за чужорідний елемент і тоді, ймовірно, спробує знищити тебе.

Зоя киває і займає своє місце у підводному човні. А потім її закручує в якомусь вирі…

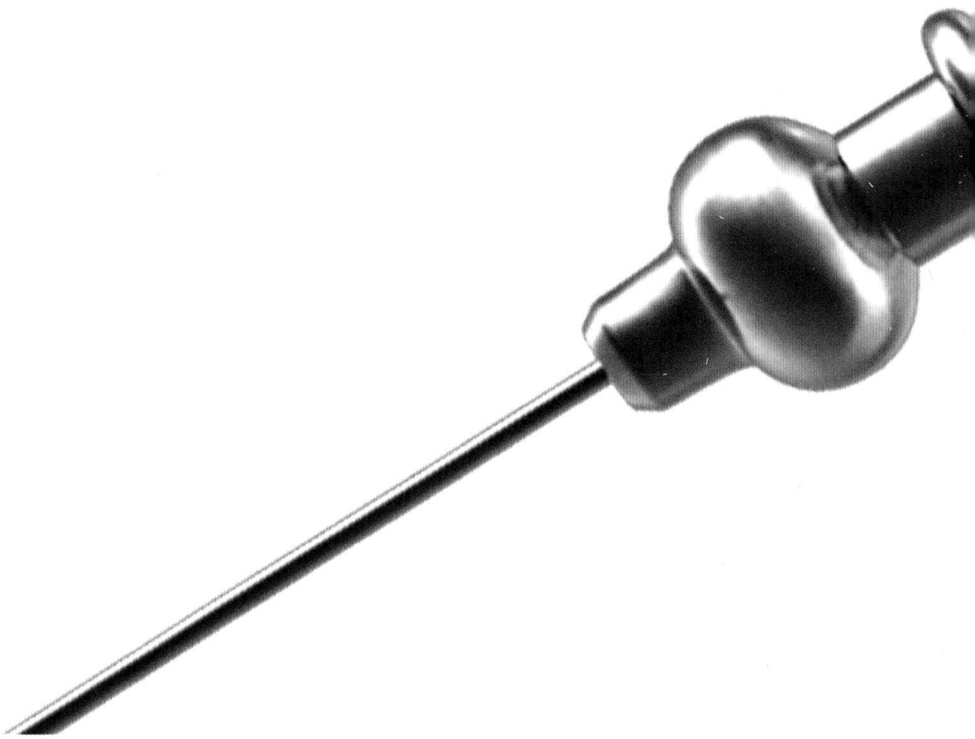

За якийсь час зрозуміло: нанозменшення пройшло успішно! Професор засмоктує Зою в підводному човні у шприц і вводить їх у кров пацієнта. Зі швидкістю ракети підводний човен пірнає у **вену**.

Зоя щойно занурилася в організм пацієнта, а **імунна система** вже переходить у наступ. Так вже влаштоване тіло людини, що йому не подобаються небажані чужорідні елементи.

— Що це за страшні павучиська, професоре? — питає Зоя по радіозв'язку.

— Це **бактеріофаги**, — відповідає професор. — Вони немов «з'їдають» хвороботворні бактерії. І вони думають, що ти теж така бактерія!

Зоя натискає на газ, і бактеріофаги розлітаються на всі боки від її лобового скла.

— Вибачайте, хлопці, я знаю, що ви маєте добрі наміри, але у мене — важливе завдання, і мені треба рухатися вперед.

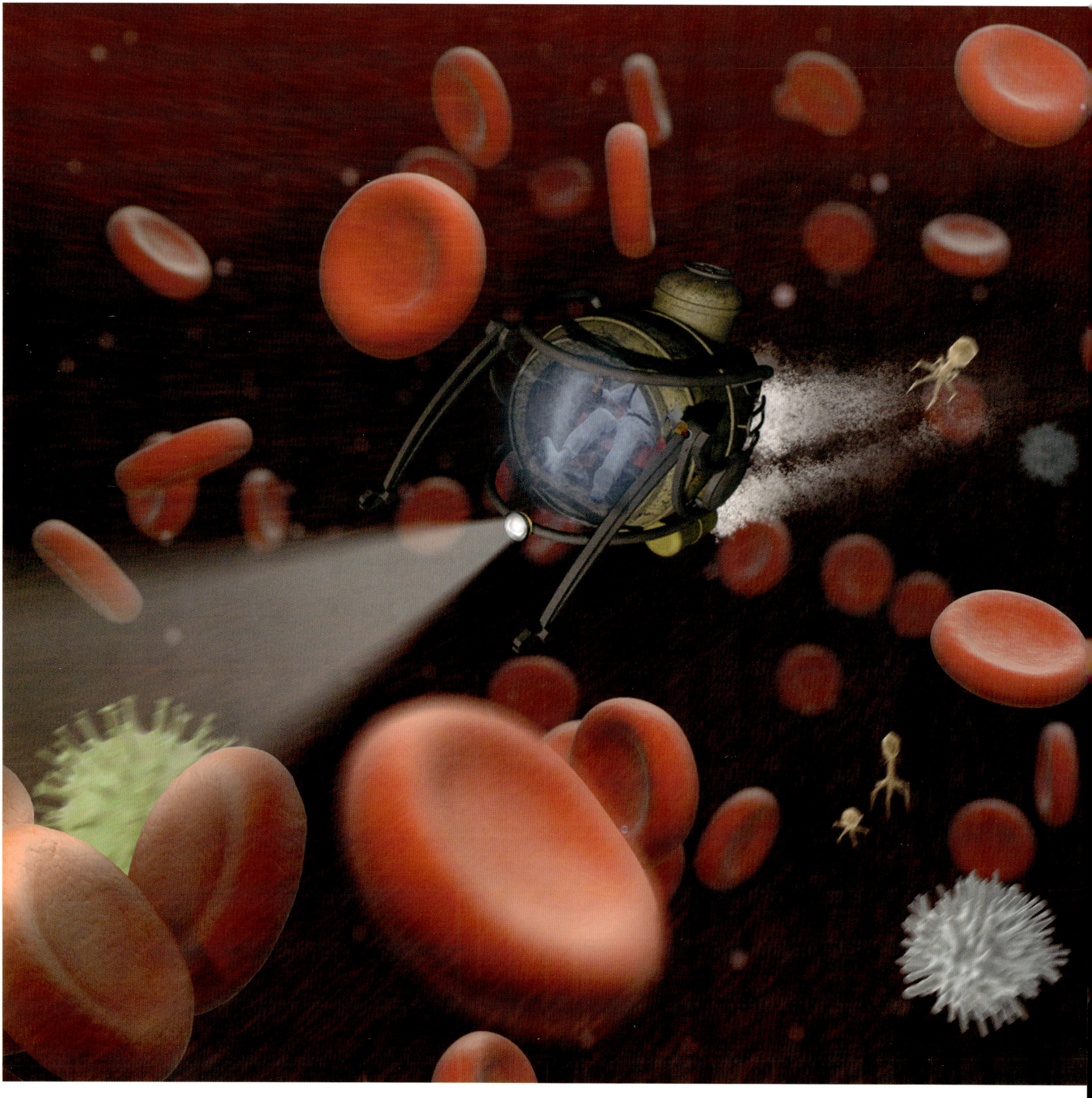

Зоя мчить кровоносною системою пацієнта. Вона робить усе можливе, щоб оминути червоні та білі кров'яні тільця. На щастя, професор стежить за ситуацією через вебкамеру. Раптом він бачить, як щось зелене пролітає повз підводний човен.

— Це **віріон** — повноцінна частка вірусу, Зоє! — збуджено гукає професор. — Мерщій за ним! Сподіваюся, він приведе нас до решти вірусів!

Та, на жаль, цей віріон помічає підводний човен і стрімко тікає.

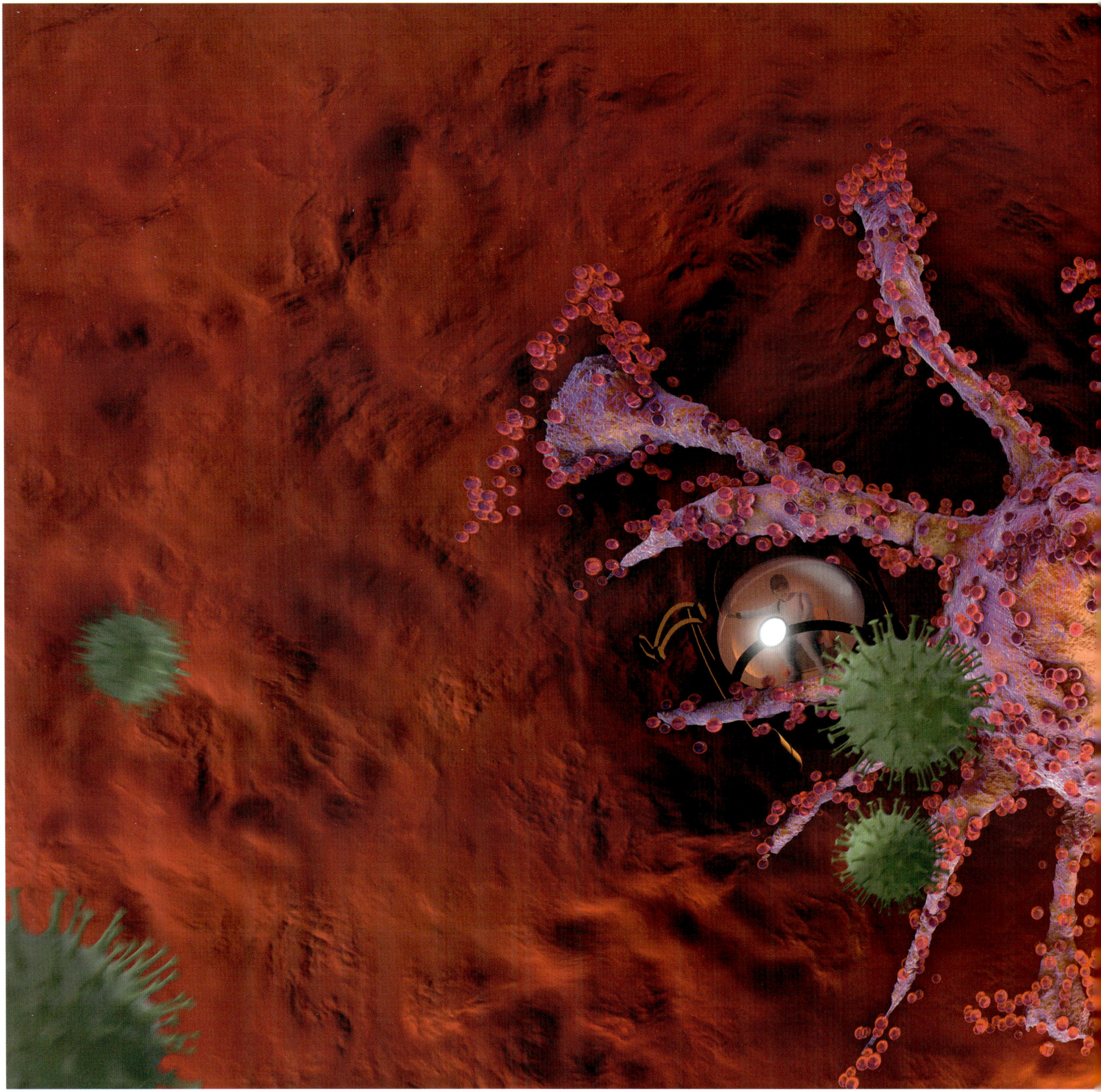

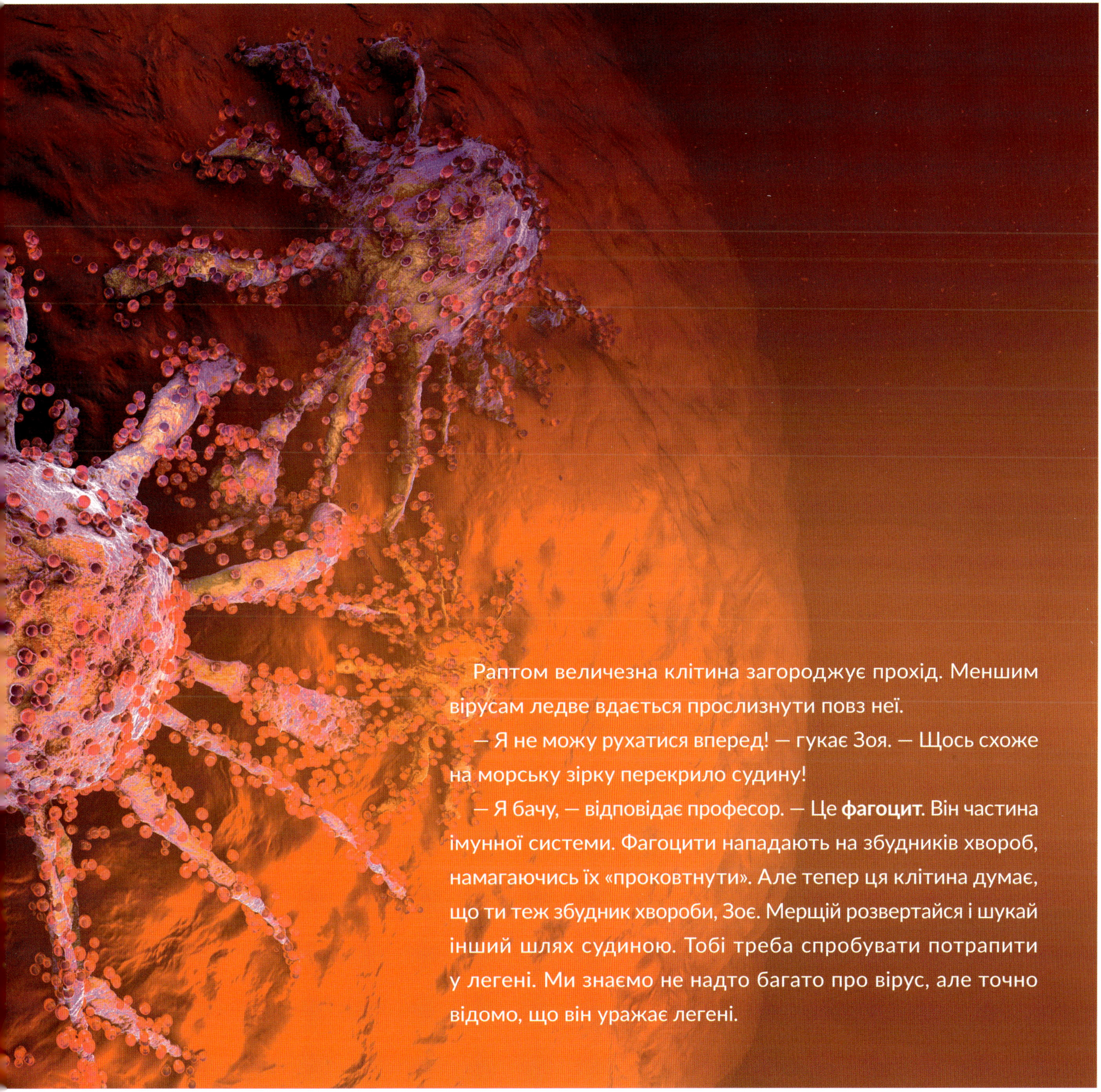

Раптом величезна клітина загороджує прохід. Меншим вірусам ледве вдається прослизнути повз неї.

— Я не можу рухатися вперед! — гукає Зоя. — Щось схоже на морську зірку перекрило судину!

— Я бачу, — відповідає професор. — Це **фагоцит**. Він частина імунної системи. Фагоцити нападають на збудників хвороб, намагаючись їх «проковтнути». Але тепер ця клітина думає, що ти теж збудник хвороби, Зоє. Мерщій розвертайся і шукай інший шлях судиною. Тобі треба спробувати потрапити у легені. Ми знаємо не надто багато про вірус, але точно відомо, що він уражає легені.

Зоя пробирається крізь стінку судини й потрапляє у носову порожнину пацієнта. Вона помічає, що над **війками** епітелію — шару клітин, яким вистелена носова порожнина, — завис віріон.

— Ага, ось де ти сховався! Що це за такі дивні війки-волосинки, професоре?

— Це теж частина імунної системи, Зоє. «Неправильні» клітини прилипають до них і з часом гинуть.

— Зараз поглянемо, чи я можу захопити цю клітину, — каже Зоя.

За допомогою джойстика вона рухає щупальцями підводного човна й захоплює один віріон — упіймала! Потім вона, повертаючи джойстика, рухає стальними щелепами, які повільно змикаються. Віріон пирскає на всі боки, мов перестиглий помідор.

— Ура, я його знищила! — радісно вигукує Зоя.

— Справді, — відповідає професор, — але, на жаль, це був лише звичайний вірус грипу, а не віріон, який ми шукаємо!

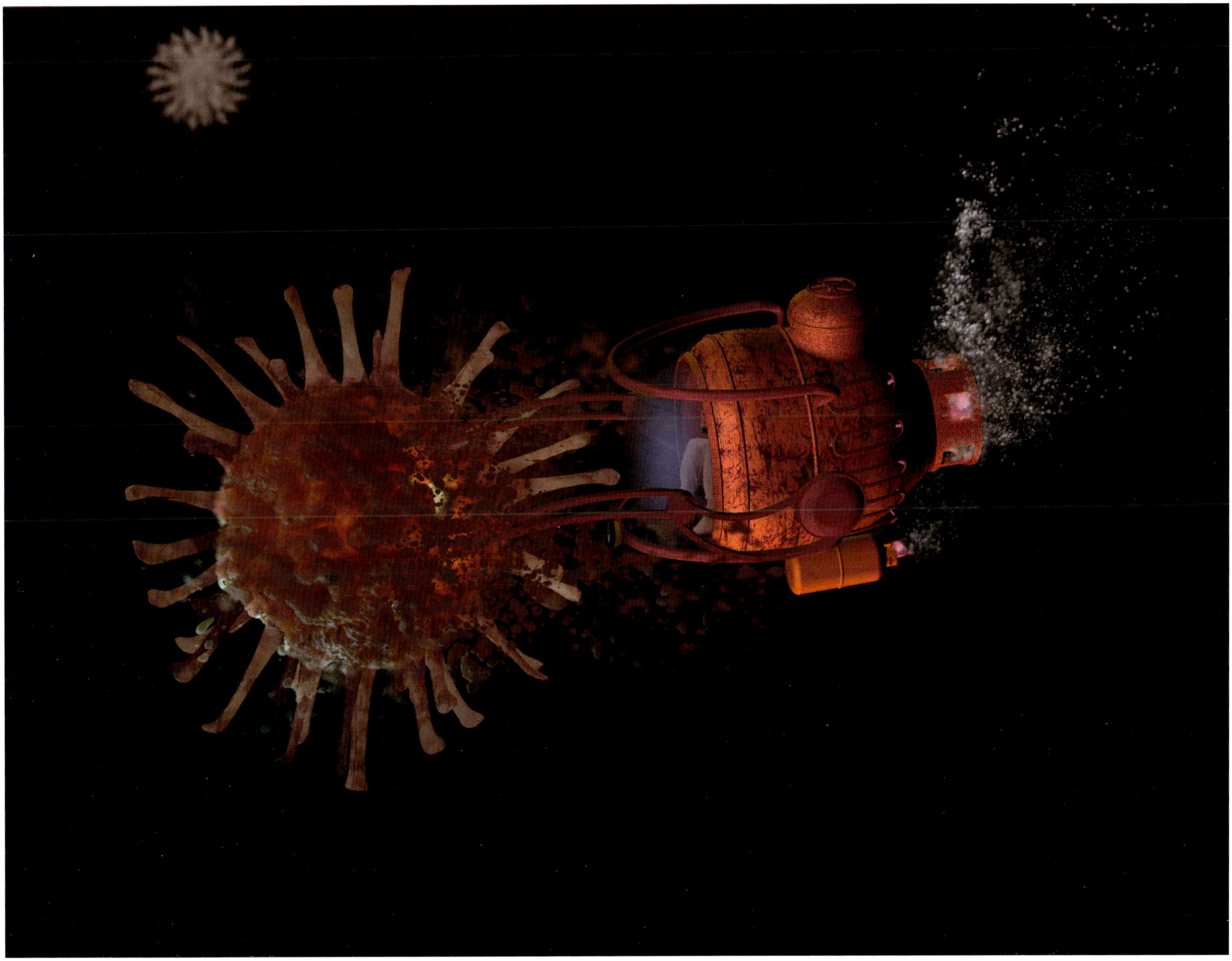

Імунна система пацієнта не здається. Не встигла Зоя й обернутися, як на підводний човен насувається потік з десятків нових клітин.

— Стережися, Зоє! — попереджає професор. — Це **макрофаги**, або «поглиначі клітин», що працюють як «порохотяг» імунної системи. Вони хочуть викинути тебе у смітник!

Зоя панікує.

— Допоможіть, професоре! Що мені тепер робити?

Професор швидко реагує:

— Дай повний газ, щоб магрофаги не змогли тебе засмоктати.

Зоя нахиляє джойстик максимально вперед, і підводний човен кулею виривається назовні.

Макрофаги лускають, мов мильні бульбашки.

— Професоре, де це я тепер опинилася?

Зоя погойдується у безгучному просторі, який перетинають довгі шнури, що час від часу мерехтять спалахами.

— Ти зараз у нервовій системі. Поглянь, ті довгі шнури — це **нейрони**, нервові клітини. Вони передають імпульси від органів чуття до мозку. Так люди можуть бачити, чути, відчувати на дотик, нюх і смак.

Зоя торкається одного з таких шнурів щелепою підводного човна.

— У людей, хворих на вірус, уся ця система реагує слабше, — каже професор. — Я сиджу зараз поруч із пацієнтом, і він геть не реагує на твої рухи... Це поганий знак!

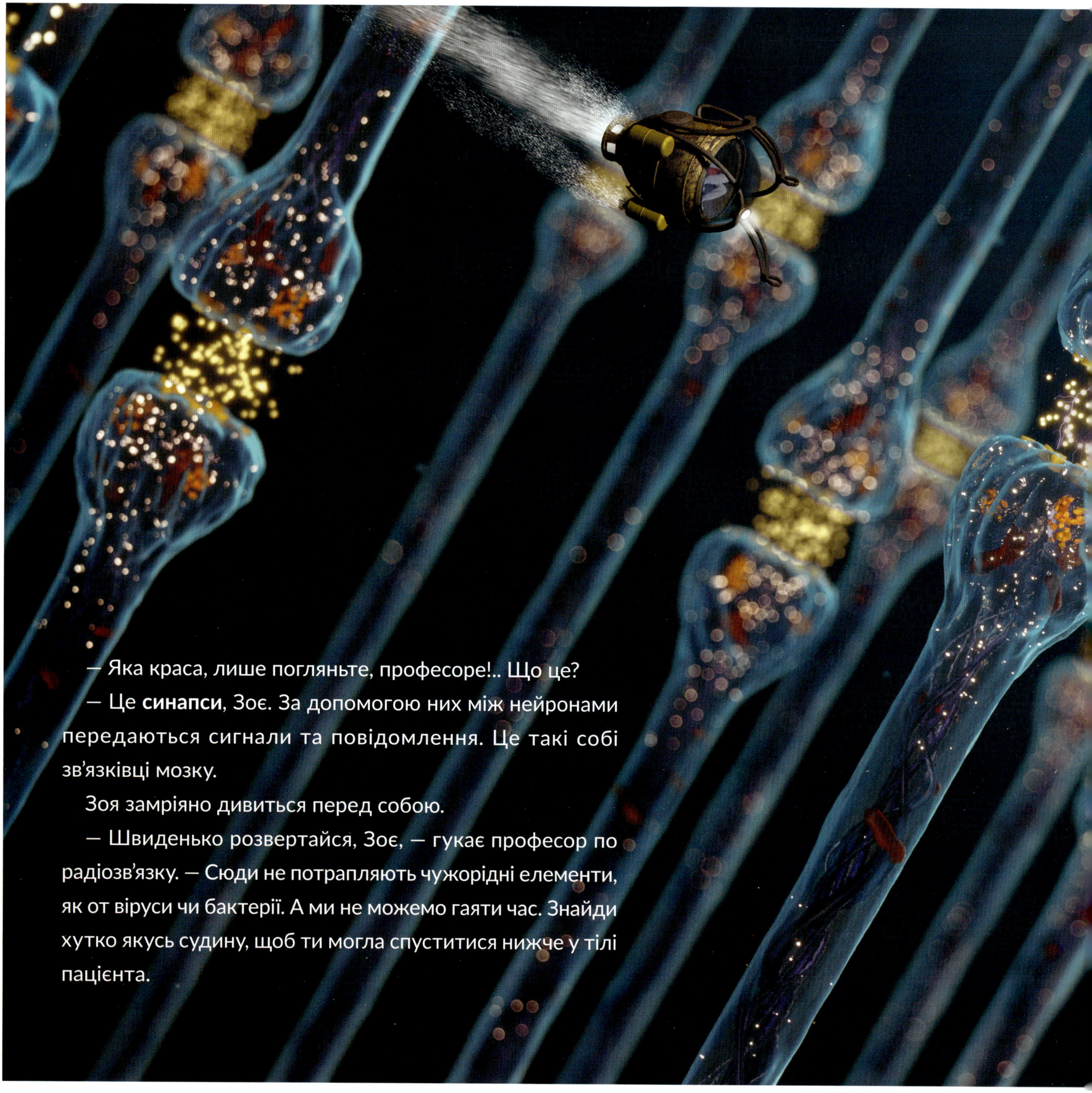

— Яка краса, лише погляньте, професоре!.. Що це?

— Це **синапси**, Зоє. За допомогою них між нейронами передаються сигнали та повідомлення. Це такі собі зв'язківці мозку.

Зоя замріяно дивиться перед собою.

— Швиденько розвертайся, Зоє, — гукає професор по радіозв'язку. — Сюди не потрапляють чужорідні елементи, як от віруси чи бактерії. А ми не можемо гаяти час. Знайди хутко якусь судину, щоб ти могла спуститися нижче у тілі пацієнта.

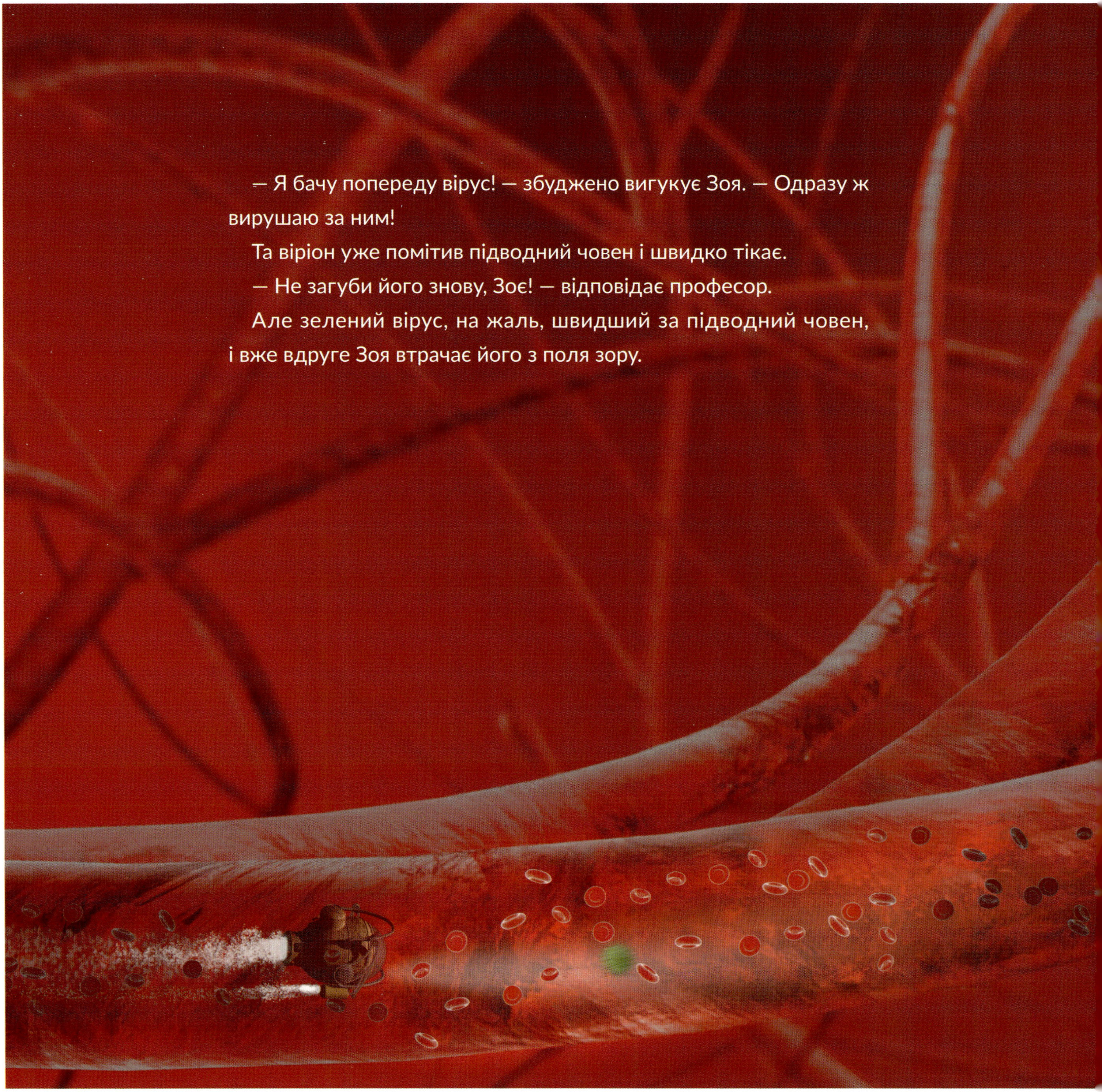

— Я бачу попереду вірус! — збуджено вигукує Зоя. — Одразу ж вирушаю за ним!

Та віріон уже помітив підводний човен і швидко тікає.

— Не загуби його знову, Зоє! — відповідає професор.

Але зелений вірус, на жаль, швидший за підводний човен, і вже вдруге Зоя втрачає його з поля зору.

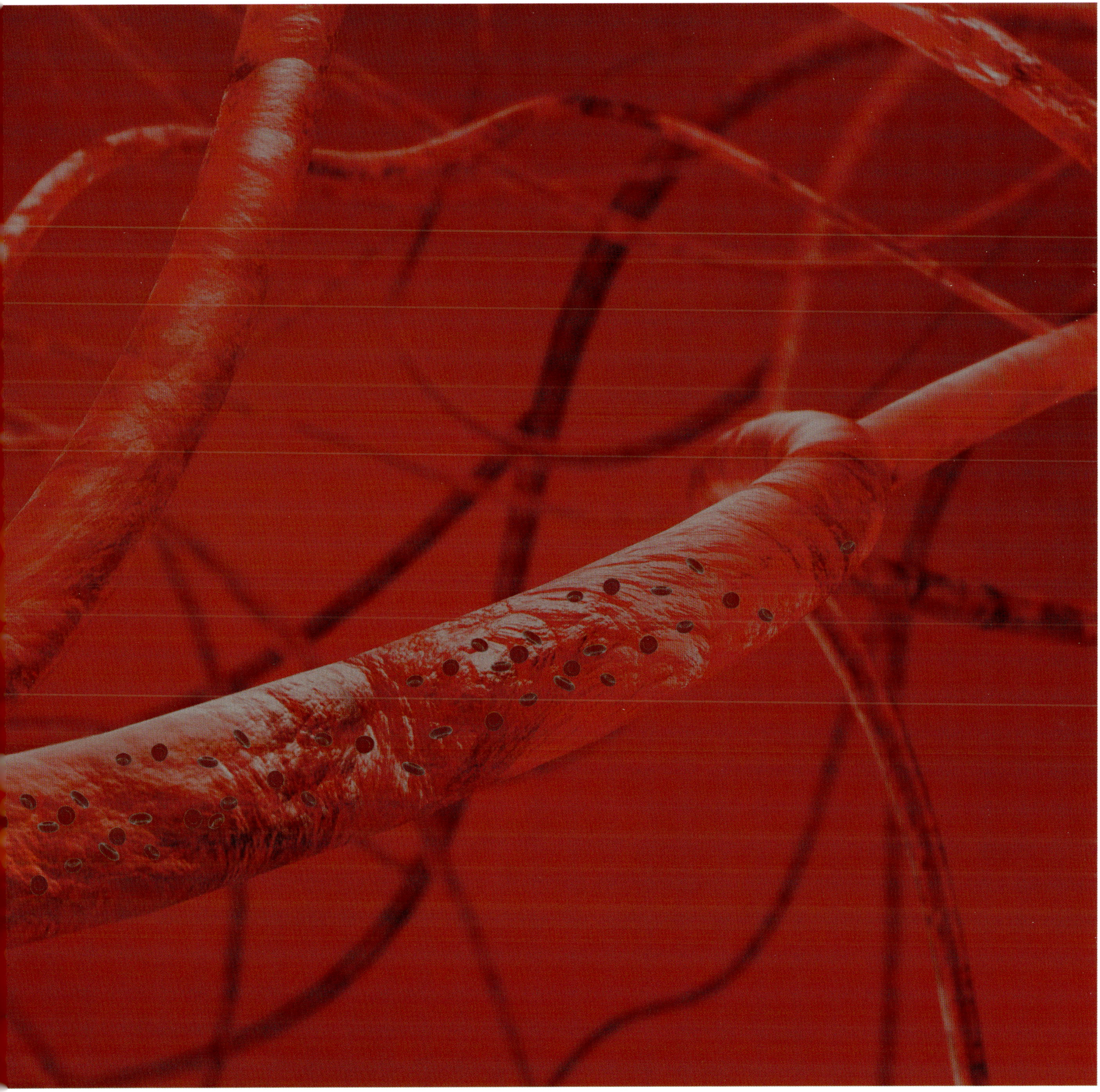

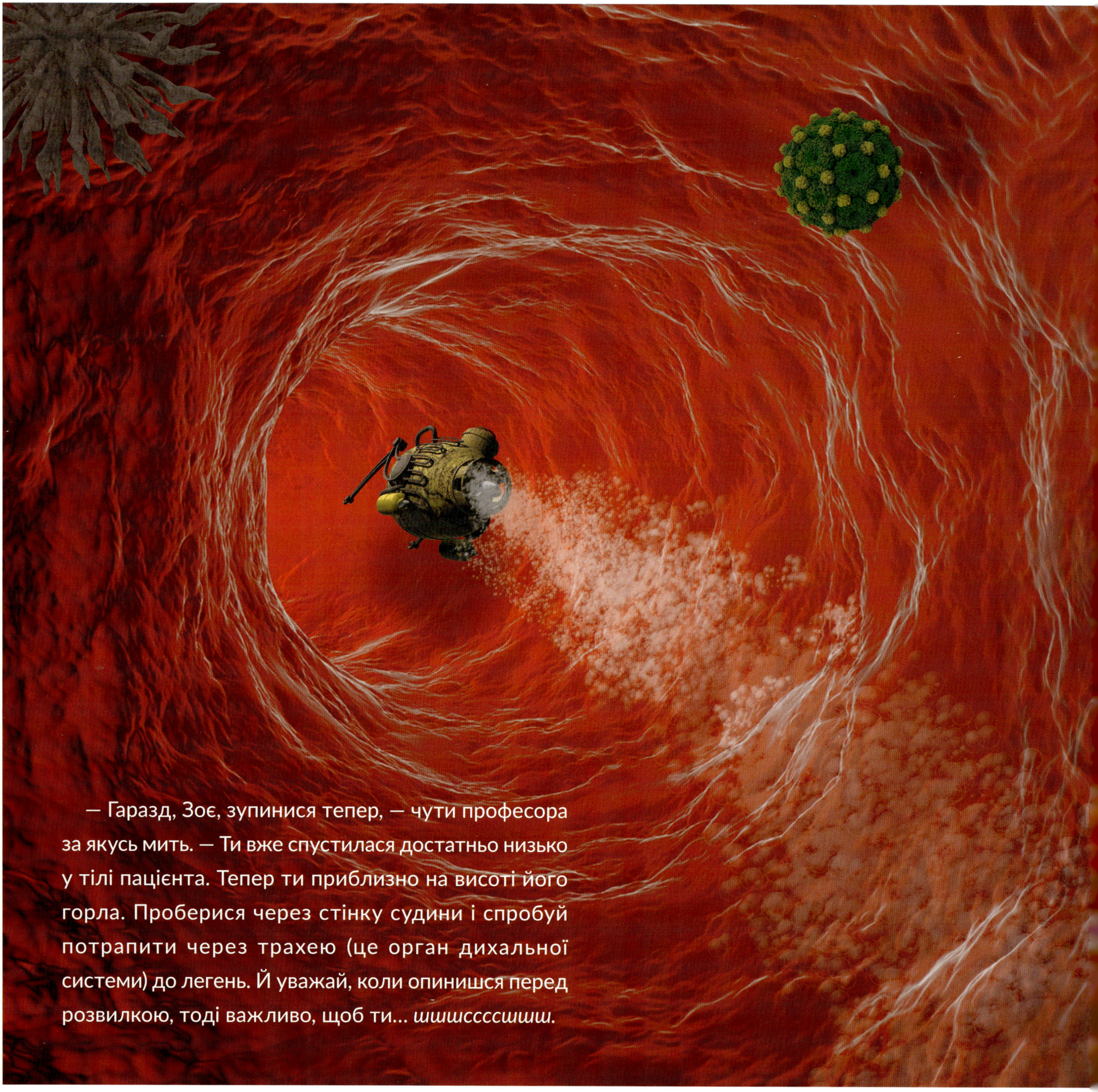

— Гаразд, Зоє, зупинися тепер, — чути професора за якусь мить. — Ти вже спустилася достатньо низько у тілі пацієнта. Тепер ти приблизно на висоті його горла. Проберися через стінку судини і спробуй потрапити через трахею (це орган дихальної системи) до легень. Й уважай, коли опинишся перед розвилкою, тоді важливо, щоб ти… *шшшссссшшш.*

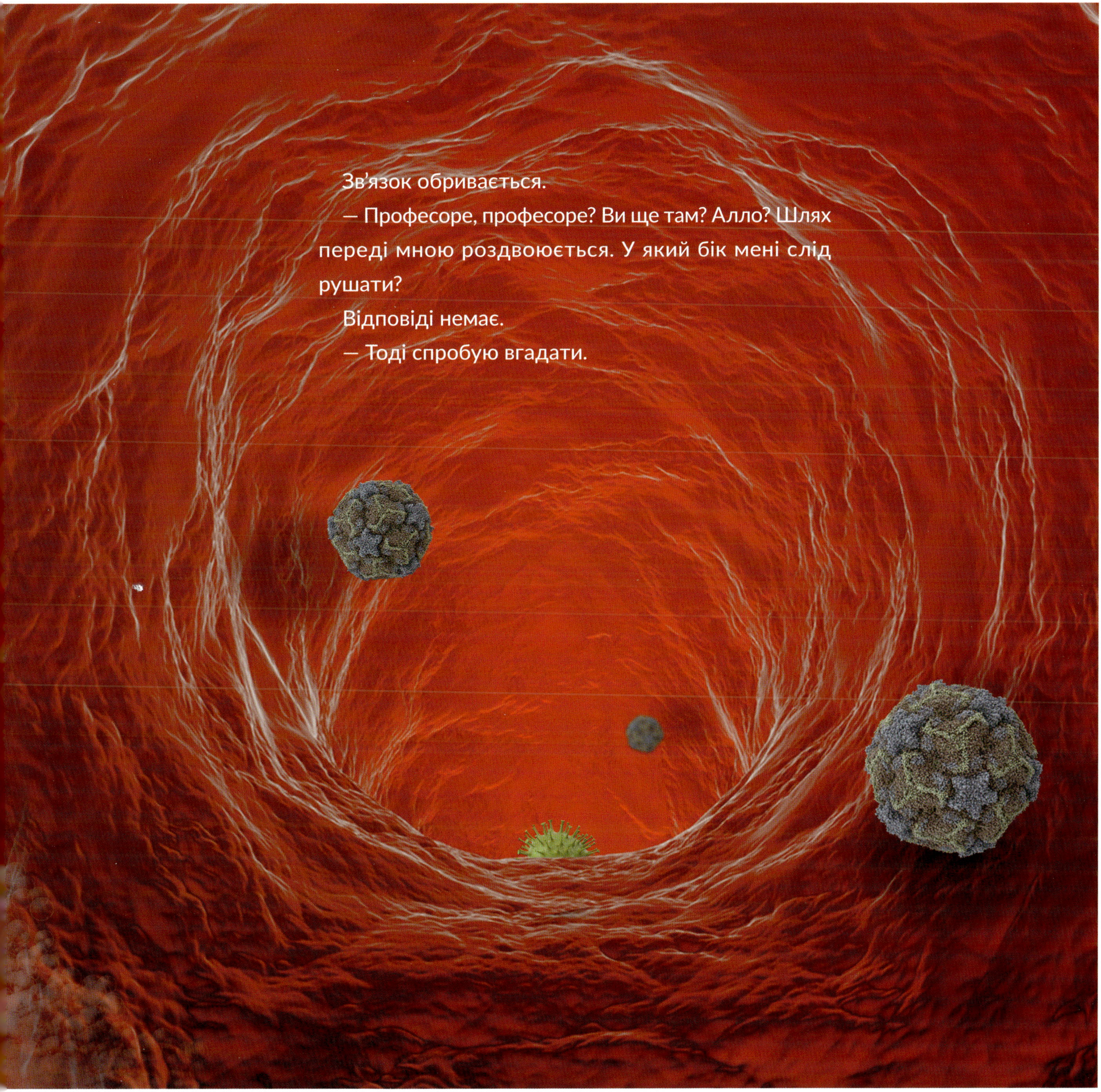

Зв'язок обривається.

— Професоре, професоре? Ви ще там? Алло? Шлях переді мною роздвоюється. У який бік мені слід рушати?

Відповіді немає.

— Тоді спробую вгадати.

Зоя опинилася у великій порожнині.

— Мабуть, це легені, — шепоче вона до себе. — Оті помаранчеві горбики — це, напевно, альвеоли. Але ж куди подівся вірус? Професор же, наче, казав, що він буде тут?

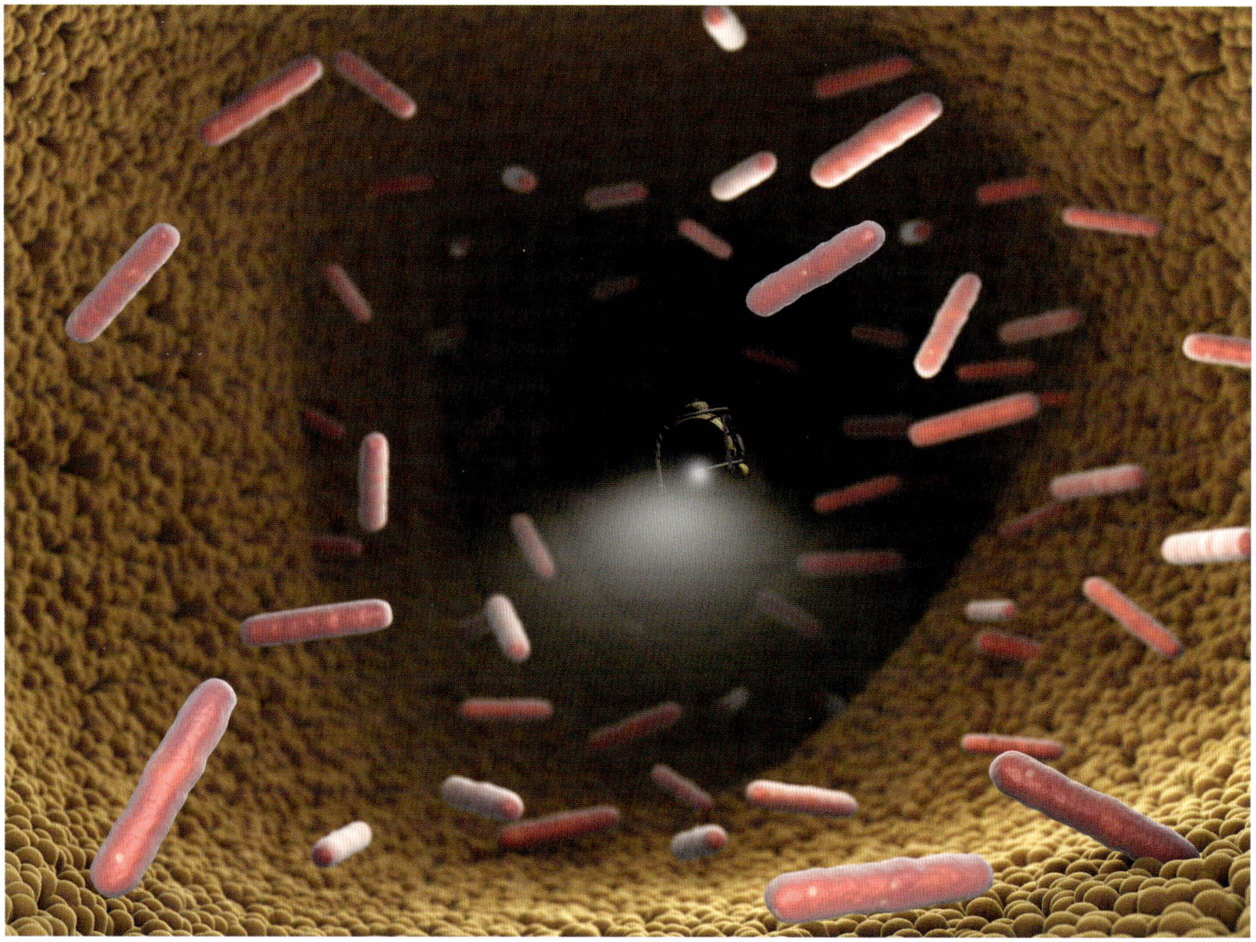

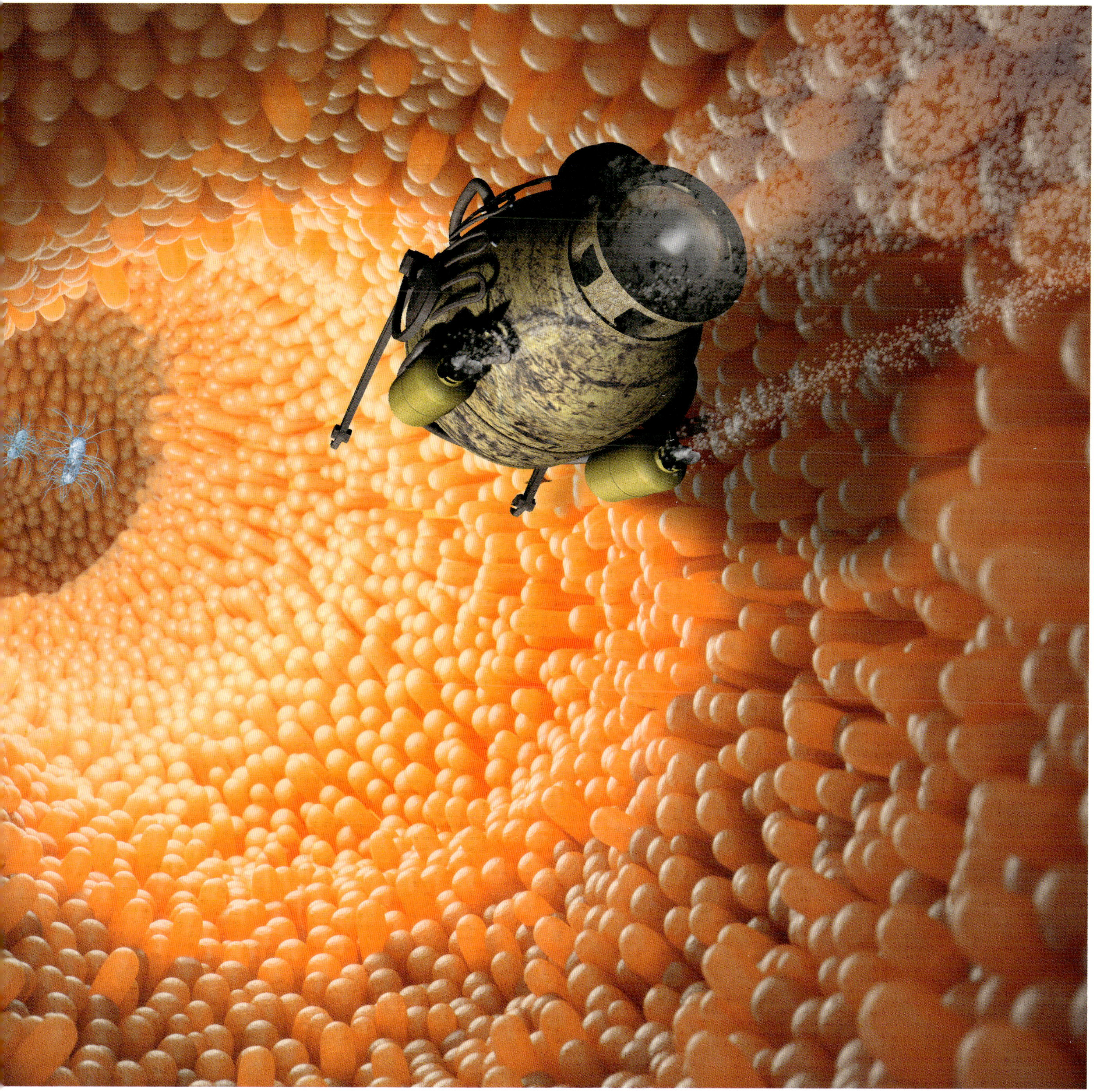

— Ось де! — вигукує Зоя. — Я його знайшла! Дивіться: ті віріони тікають від мене, але я вже поспішаю за ними. Професоре, ви мене чуєте?

— *Шшшшссссшш* Так, зв'язок відновлено. Де ти, Зоє?

— Я у легенях, і я знайшла віруси! — кричить Зоя.

Знову вмикається вебкамера, і професор тепер теж бачить крізь неї.

— Це не віріони, Зоє! Ти не туди завернула. Через **стравохід** ти потрапила у **шлунок**, а треба було рухатися далі по трахеї. Ми на хибному шляху!

— Але в мене є ідея, — каже професор. — Бачиш оту червону стінку ліворуч від тебе?

— Ту, що складається з довгих червоних смужок, схожих на лакрицю?

— Так, саме так. Це **м'язова стінка**. Спробуй пробратися крізь шпаринки у ній. Тоді ти знову опинишся в судині. Якщо пощастить, тобі вдасться відшукати обхідний шлях до трахеї.

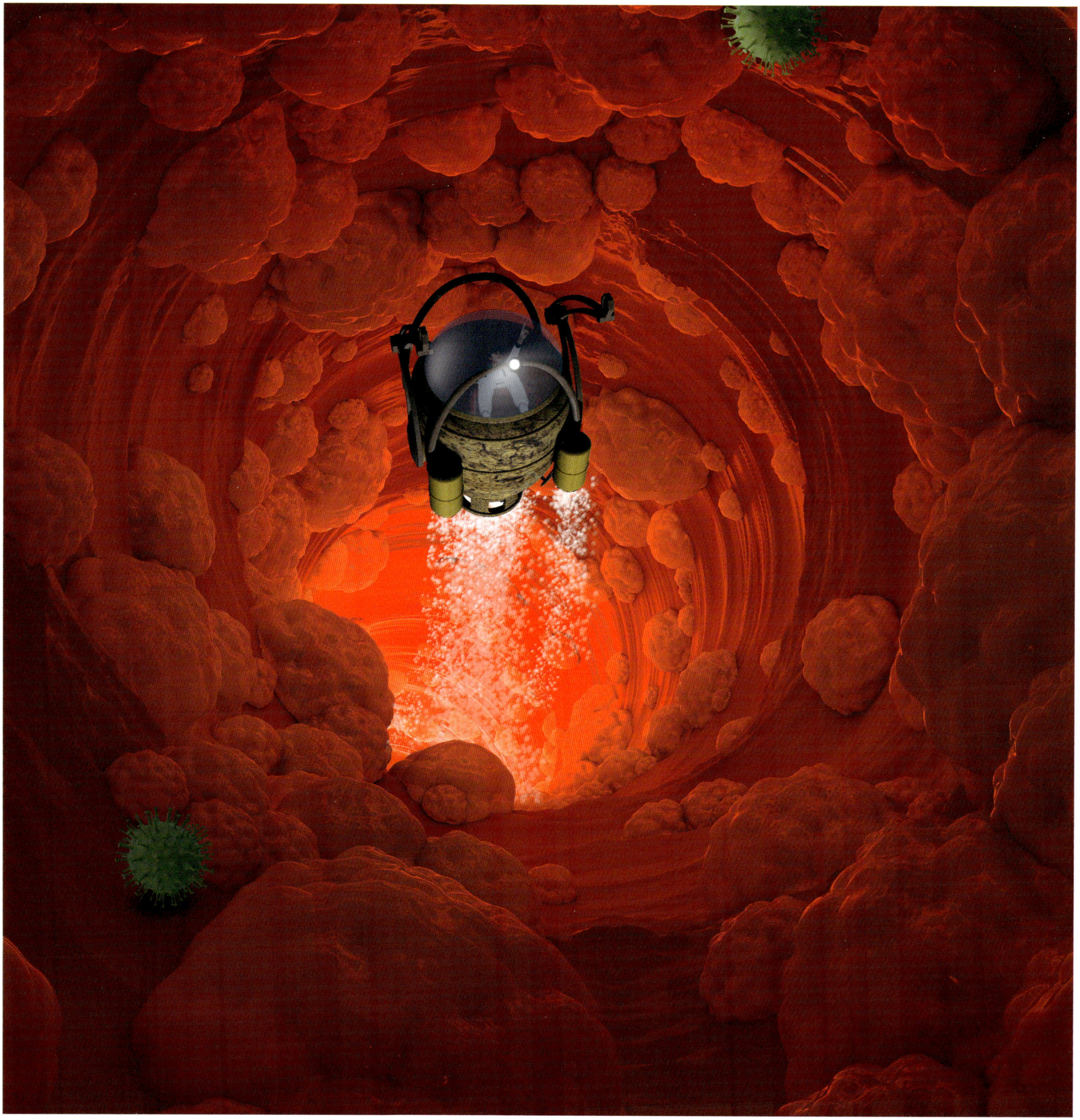

Професор мав рацію: план спрацював.

— Отакої! — вигукує Зоя. — Ви тільки подивіться на цей липкий слиз на стінках. Він схожий на шмарклі.

— Це вони і є, Зоє, і це — добрий знак. Легені уражені вірусом, і організм тепер виробляє слиз як захист проти чужинців. Проте, на жаль, недостатньо, щоб остаточно звільнити тіло від вірусу. Тож ми все ще потрібні.

— Погляньте, професоре! Туди, за отой згусток шмарклів! Там заховався віріон!

— Я бачу. За ним!

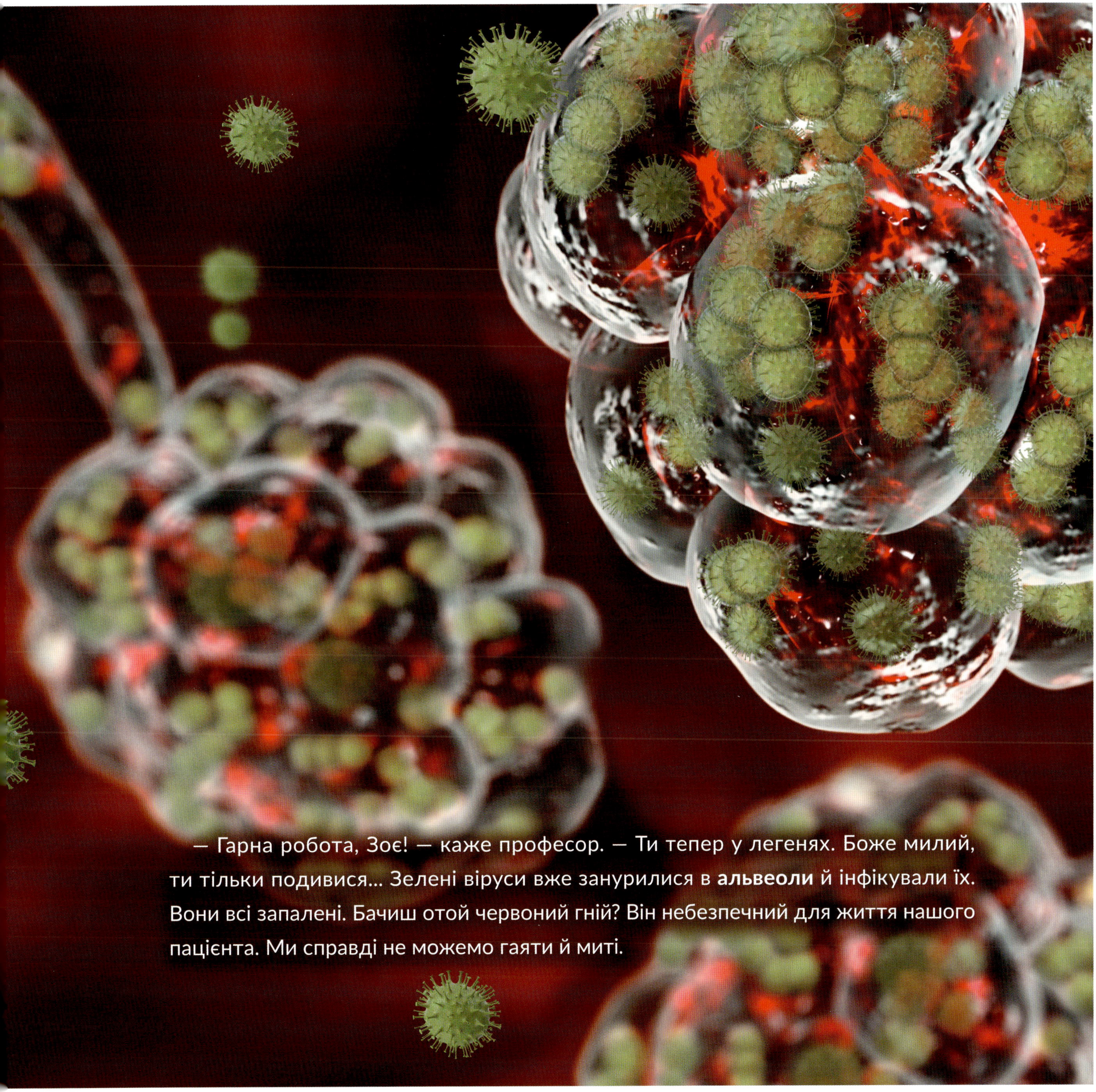

— Гарна робота, Зоє! — каже професор. — Ти тепер у легенях. Боже милий, ти тільки подивися... Зелені віруси вже занурилися в **альвеоли** й інфікували їх. Вони всі запалені. Бачиш отой червоний гній? Він небезпечний для життя нашого пацієнта. Ми справді не можемо гаяти й миті.

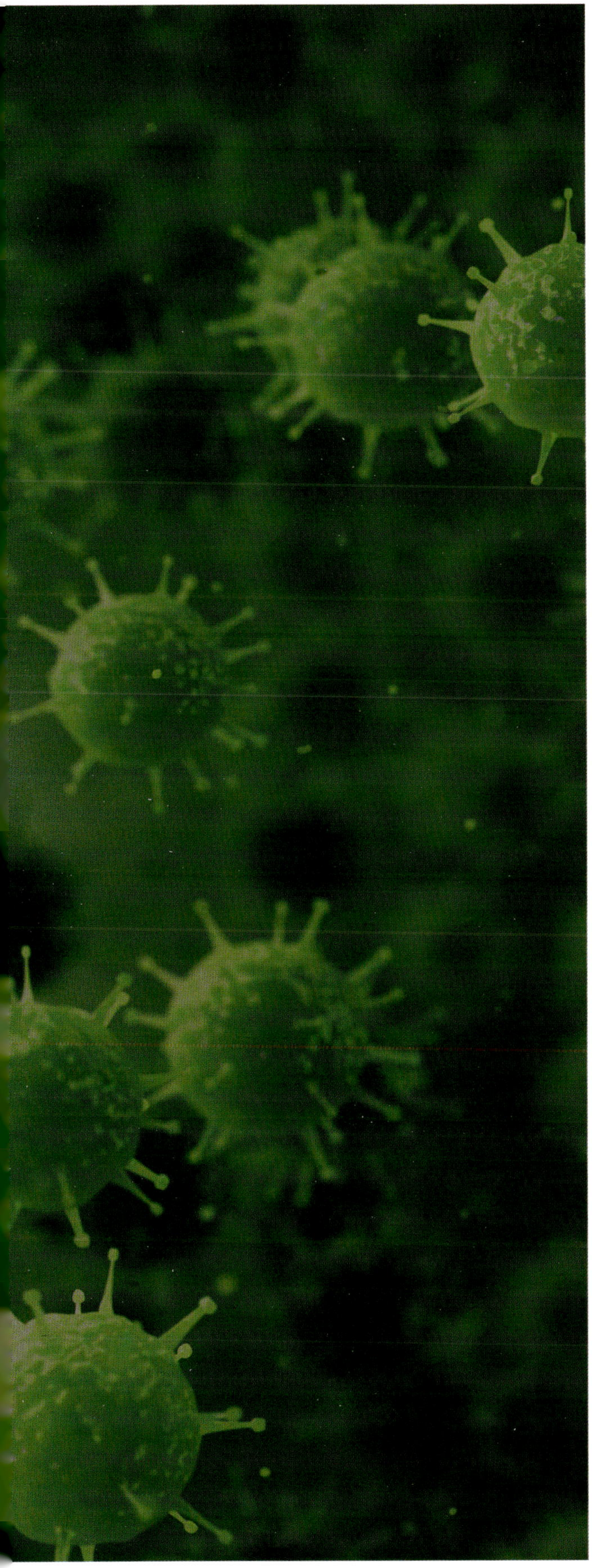

— Професоре, погляньте на всі ці віріони! Їх тут мільйони! Я боюся, що вони атакуватимуть мене.

— Спокійно, Зоє. Підводний човен було сконструйовано саме для цього. Він такий міцний, що тебе не зможе роздавити навіть слон. Спробуй захопити один віріон щупальцями, як ти вже робила з тим іншим вірусом. Але не розчави його! Для нашої роботи нам необхідна жива вірусна клітина.

— Це простіше сказати, ніж зробити, професоре. Вони тут надто швидко метушаться.

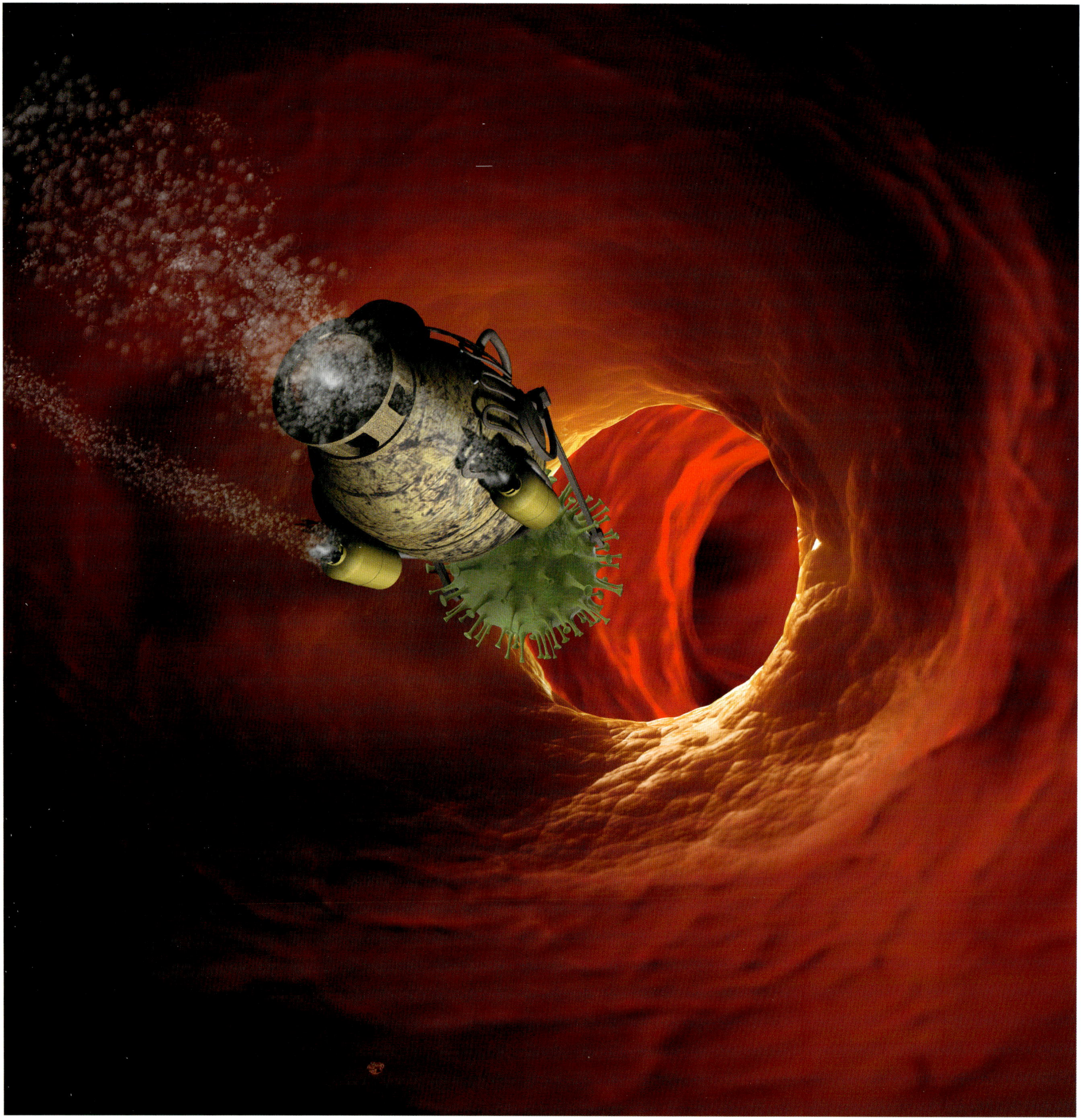

Нарешті Зої вдається захопити один віріон сталевими щелепами.

— Попався! — вигукує вона. — Що тепер?

— Послухай добре, — відповідає професор. — Ми маємо допомогти організму пацієнта, щоб далі він сам міг атакувати цих зелених негідників. Якщо це вийде, то організм буде захищений, коли в майбутньому у нього знову потрапить такий самий вірус. Для цього тобі зараз треба якнайшвидше рушати до кісткового мозку у кістках. Там знаходяться **лейкоцити** — білі кров'яні тільця. Вони немов велика армія, що спить: лейкоцити можуть допомогти нам, але вони ще не помітили, що організм атакують. Отож нам треба якнайшвидше розбудити ці білі кров'яні тільця і попередити їх.

— Зрозуміло! — киває Зоя. — Показуйте дорогу, професоре!

Незабаром Зоя пролітає на своєму підводному човні повз губкоподібну стінку.

— Бачиш цю сіру тканину? — питає професор. — Це кора — зовнішній шар **кісткового мозку**. Тобі треба пройти крізь неї. За нею знаходиться кістковий мозок і лейкоцити.

— Зоє, бачиш оті клітини? Це **Т-лімфоцити**. Нам треба їх розбудити, щоб вони встали на захист. Зазвичай організм сам регулює цей процес. Але зараз це чомусь не спрацьовує. Отож ці Т-лімфоцити й гадки не мають, що відбувається. Щоб активувати імунну систему, ти маєш піднести віріон до них.

— Погляньте, професоре, цей Т-лімфоцит починає випускати якісь білі пластівці.

— Чудово. Це означає, що ти розбудила і активувала Т-лімфоцит. Тепер ця клітина почне дуже швидко і дуже часто розмножуватися. Ті білі пластівці — це **клітини-кілери**, солдати. Так виникне ціла армія, яка даватиме вірусам відсіч.

Нарешті імунна система по-справжньому запрацювала.

Зоя спостерігає, затамувавши подих.

— Прекрасно, Зоє! Тепер тобі треба якомога швидше повертатися до легень. Клітини-кілери готові до боротьби, але вони не знають, де в організмі причаїлися ворожі віріони. Ти маєш провести їх туди.

Зоя витискає газ на повну.

Солдати-кілери слідують за нею, мов рій бджіл.

Легені змінилися до непізнаваності. Вони стали чорні, мов вугілля.

— Що сталося, професоре?

— Вірус інфікував ще більше альвеол. Легені майже не можуть більше приймати кисень. На щастя, ми вже підключили пацієнта до апарата штучного дихання. Але якщо запалення швидко не зупинити, ми не зможемо його врятувати і він загине.

— Я цього не допущу! — хоробро відповідає Зоя.

Бумц!

Віруси атакують Зою. Вони налітають на лобове скло підводного човна на шаленій швидкості.

Тріськ!

Лобовим склом біжить тріщина.

— Допоможіть, професоре, на мене напали!

У цю мить на зелені віруси налітає рій **клітин-кілерів**. Вони виводять з ладу один **віріон** за іншим.

Невже експеримент таки закінчиться успішно?

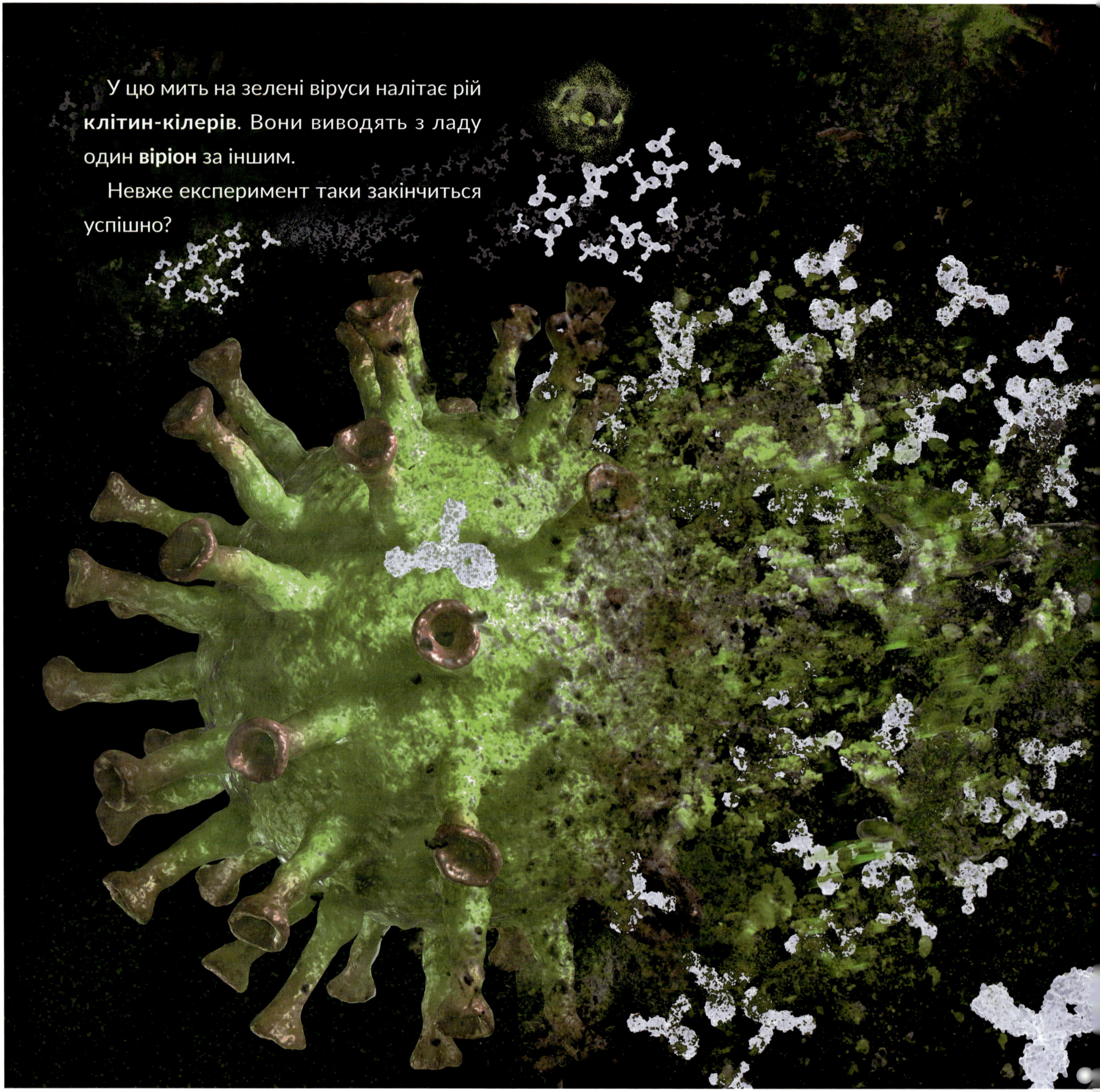

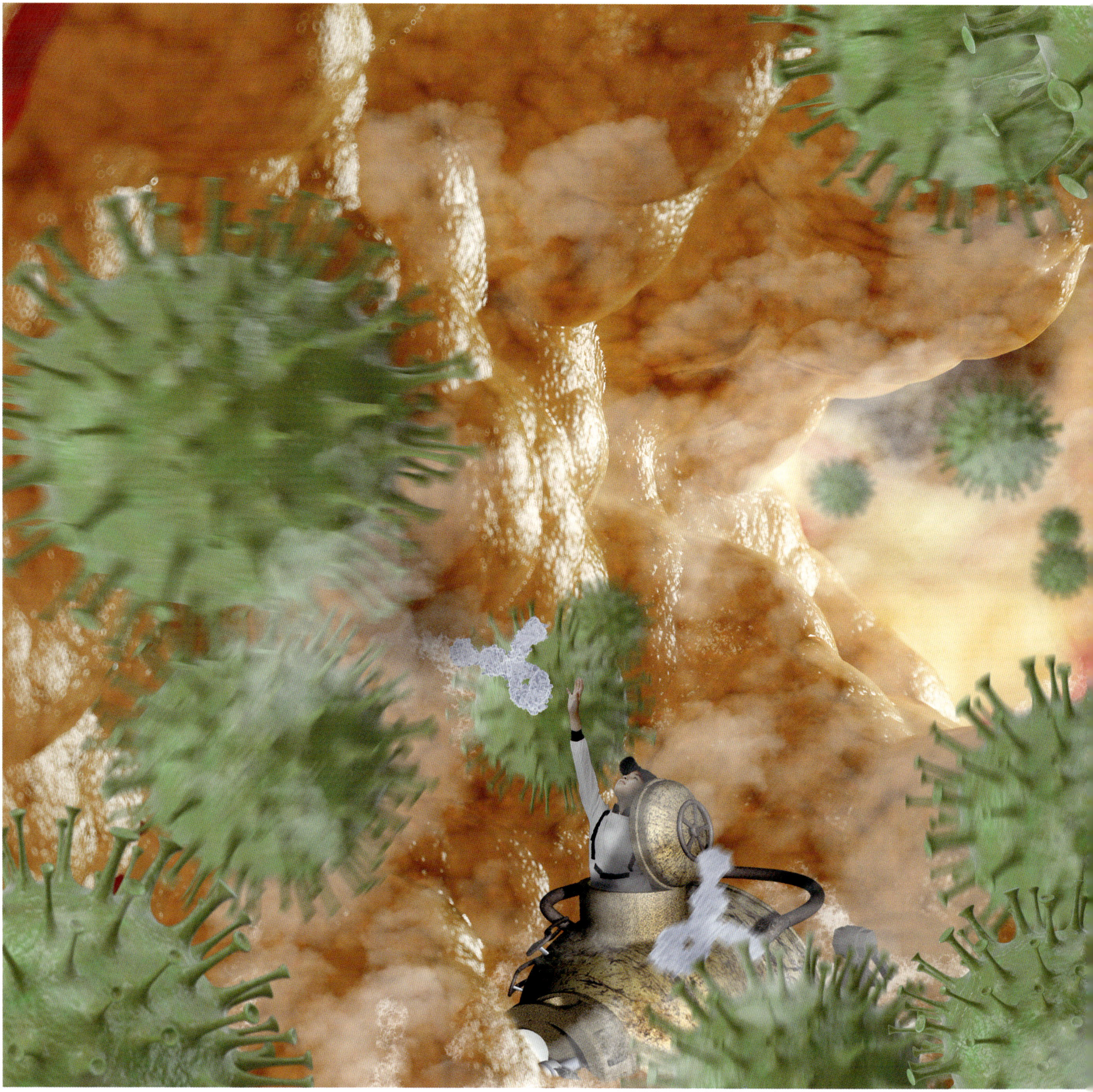

— Тепер тобі треба зробити ще одну важливу річ, Зоє. Ти маєш впіймати одну таку клітину-кілера і вивезти з організму. Ми її досліджуватимемо і, можливо, зможемо так винайти ліки! Хутчіше, поки лобове скло не розсипалося на друзки!

Але вже запізно. Вихід із легень повністю забитий шмарклями. Повільно підводний човен тоне у липкій масі.

— Допоможіть, професоре, я не виберуся звідси! Це мов сипучі піски.

— У мене є ідея, — каже професор. — Відкрий люк і вилазь. Довірся мені.

Коли Зоя відчиняє люк, їй неймовірно щастить: клітина-кілер саме проноситься у неї над головою. Хап! Зоя міцно тримає її.

— Ти підеш зі мною, друже.

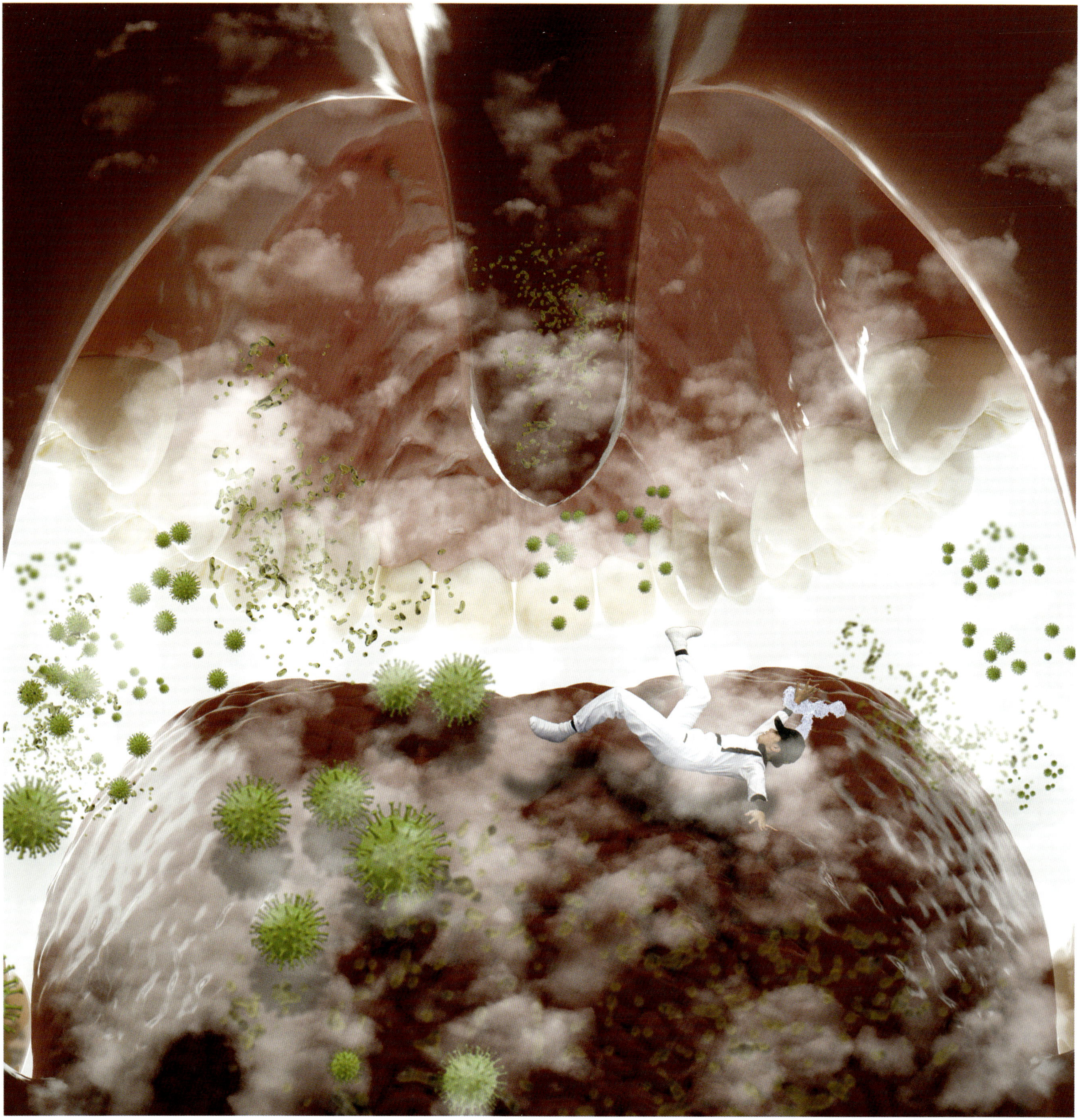

— *Аааа… пчхи!*

Підхоплену потужним потоком повітря, Зою випчихнули крізь трахею у рот. Вона міцно тримає клітину-кілера.

Професор задоволено усміхається. Він полоскотав пацієнта пір’їнкою під носом, щоб той пчихнув. І так Зою було звільнено.

Професор підбирає Зою, підводний човен і згусток шмарклів паперовою хустинкою. І повертає дівчинці її звичайний розмір за допомогою нанозбільшувача.

Місію виконано успішно.

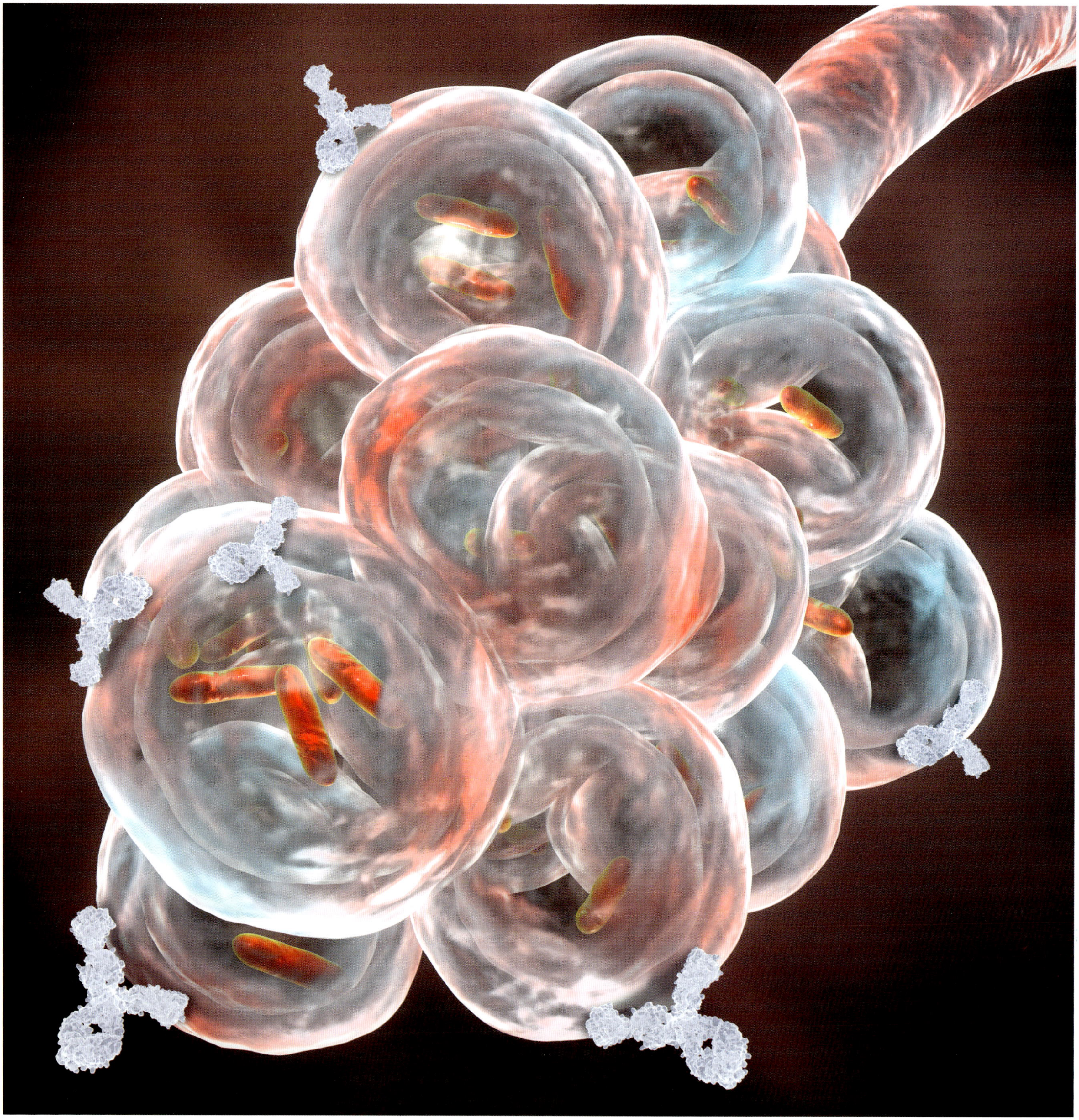

У наступні дні пацієнт одужує сам собою. Знання, які професор здобув завдяки цьому дивовижному експерименту, унікальні для науки. Клітину-кілера, яку Зоя прихопила з собою, вивчають і вже незабаром винайдуть ліки проти цього вірусу. Зоя і професор врятували життя мільйонам людей. Полювання на вірус завершилося успіхом!

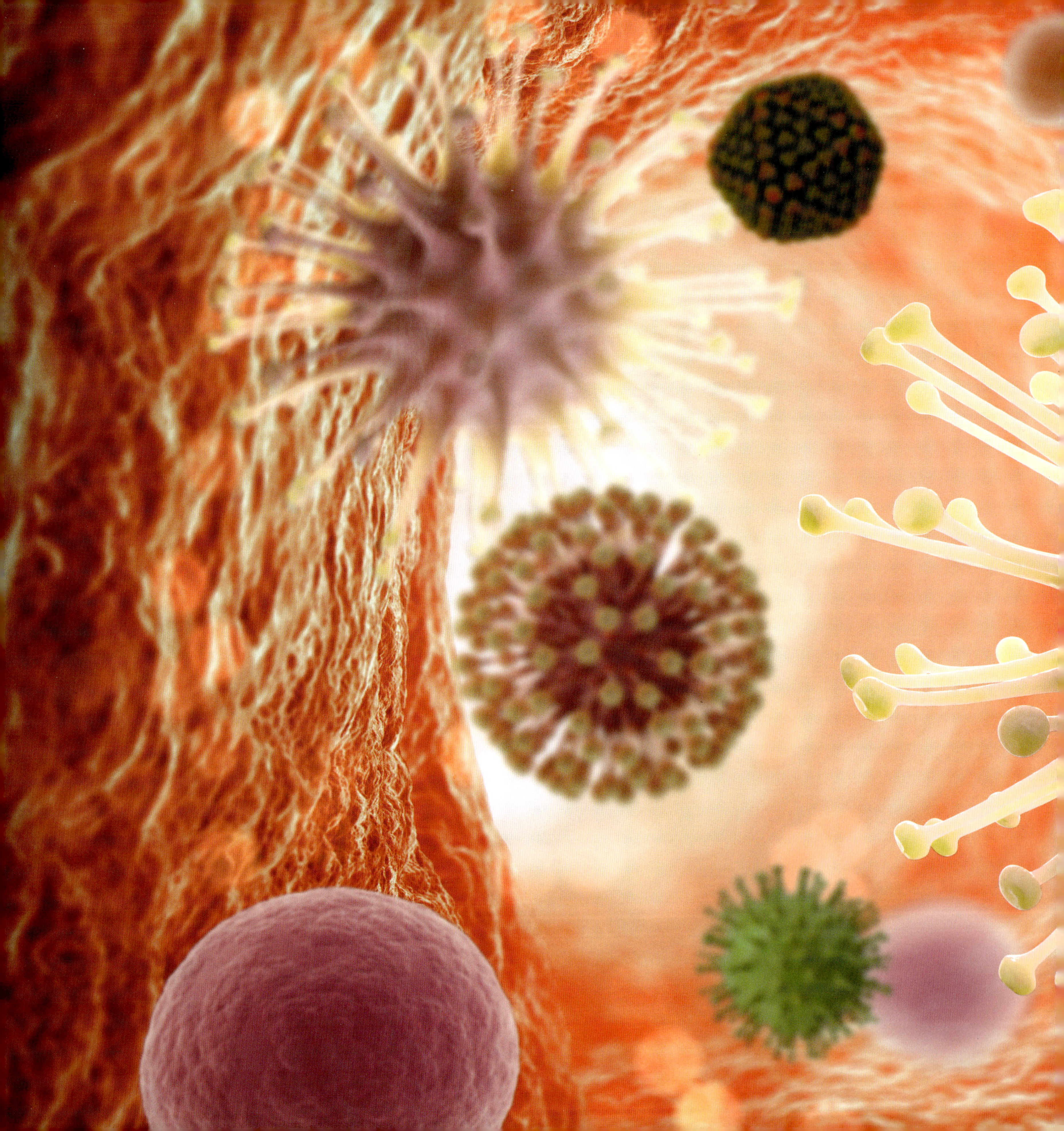

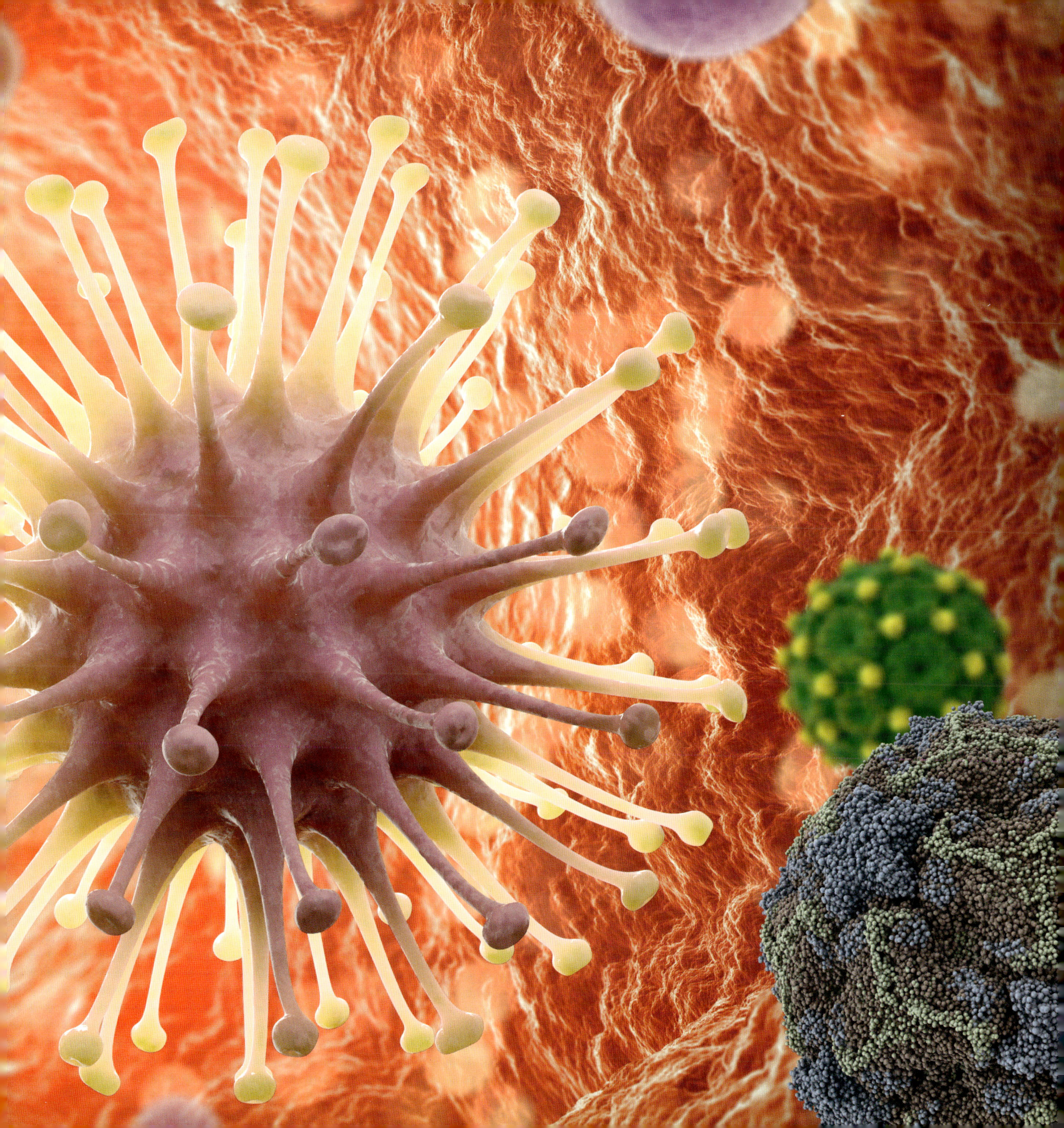

Імунна система

Усі охоронні системи ввімкнено! Можливо, ти цього не помічаєш, але твій організм весь час активно захищає себе. Бо ж бактерії, віруси та грибкові інфекції весь час намагаються проникнути у твоє тіло. Якщо їм це вдасться, ти можеш серйозно захворіти. На щастя, організм має міцний захист, щоб завадити цьому: **імунну систему**.

Фізичний бар'єр

Імунна система вдається до усіляких трюків, щоб захистити твій організм. Найперше — існує так званий **фізичний бар'єр**. Насправді це просто кордон між твоїм тілом і зовнішнім світом. Наприклад, шкіра дбає про те, щоб хвороботворні організми не могли потрапити у твоє тіло. А якщо так вже сталося, то **слиз** у горлі, **слина** в роті та **жовч** у животі намагаються допомогти тобі якнайшвидше звільнитися від шкідливих речовин.

Вроджена захисна система

У більшості випадків фізичний бар'єр чудово порається зі своїми завданнями, та іноді буває так, що шкідливі речовини таки потрапляють у твій організм. Тоді вмикається **вроджена захисна система**. Це всі ступені захисту, які твоє тіло може самостійно активувати від самого твого народження. Наприклад, імунна система має **фагоцити**: спеціальні клітини, які віднаходять чужинців і буквально з'їдають їх.

Набута захисна система

На жаль, збудники деяких хвороб можуть обдурити вроджену захисну систему. На щастя, є ще й **набута захисна система**. Це означає, що протягом твого життя імунна система може ще навчитися, як реагувати на цих збудників. Якщо у твій організм потрапляє нова речовина, то він це запам'ятовує. І якщо пізніше ця речовина спробує ще раз атакувати твоє тіло, воно вже знатиме точно, як на неї реагувати.

Вакцини

Оцей останній механізм — основа вакцинації. Під час щеплення лікар вводить у твоє тіло мертвого або ослабленого збудника хвороби. Це називається **вакциною**, або щепленням. Ти від нього не захворієш, але твоє тіло може навчитися, як реагувати на цю речовину. Якщо цей чужорідний елемент пізніше знову з'явиться на горизонті, в імунної системи вже буде готова лінія захисту.

Майбутнє

Коли відкривають новий вірус, вчені багато працюють, щоб вивчити його. Як працює цей вірус? Які люди хворіють на нього? І найголовніше: що ми можемо зробити у боротьбі з ним? Ми бачили це раніше з вірусом кору, а нещодавно — з коронавірусом. Очевидно, нові збудники хвороб завжди виринатимуть, але й люди завжди шукатимуть нові способи захисту від них. Усі охоронні системи ввімкнено!

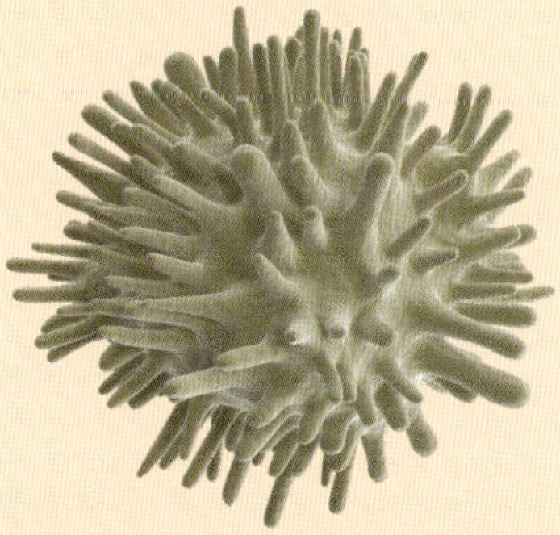

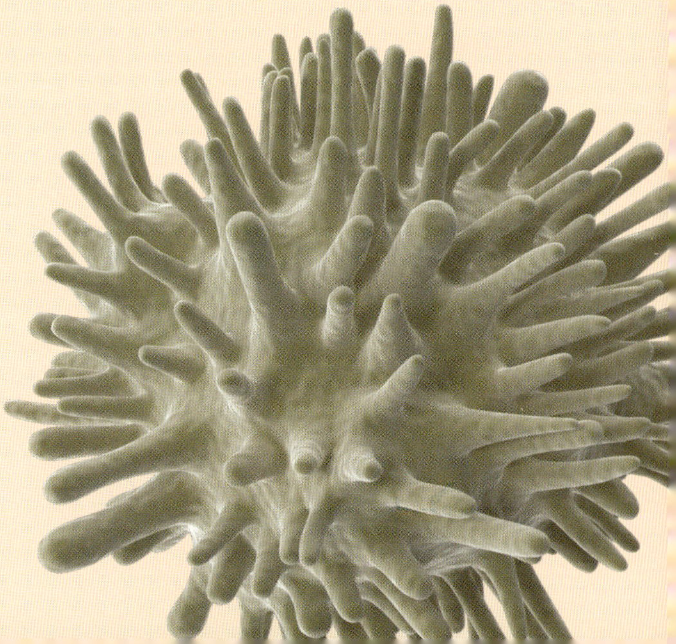

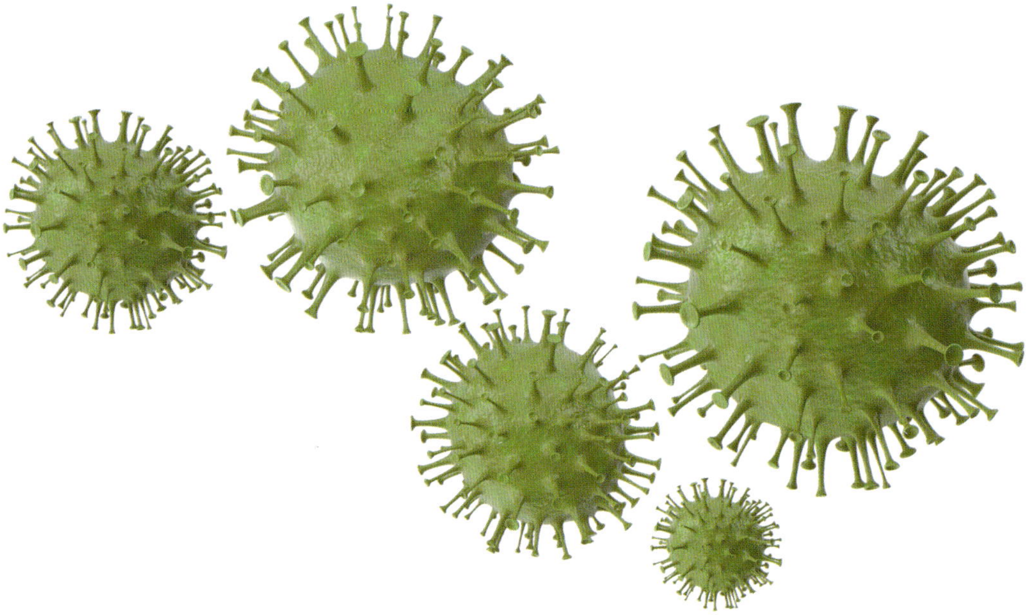

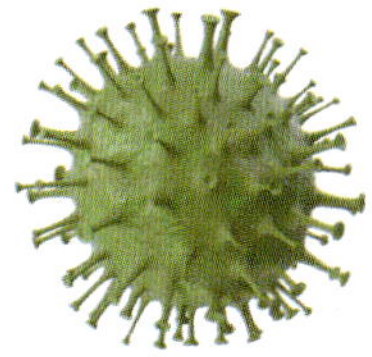

Для того, щоб розповісти цю історію образно і зрозумілою мовою, я вдався до певної творчої свободи. Насправді імунна система людини набагато складніша, ніж показано у цій книзі.

— ТК

Над цією книгою працювали:
Томас Влек, розробник підводного човна
Зоя Баккер, операторка підводного човна
Професор Мудренко і його команда вчених

Подяка за попереднє прочитання тексту і поради:
Ніколін Бланксма, біологині
Йосін Бланксма, сімейній лікарці
Борису Бьорґеру, викладачу біології
Яну Вант Ланду, біологу
Джиму Ван Стенбергену, лікарю-епідеміологу
Віллему Восу, сімейному лікарю

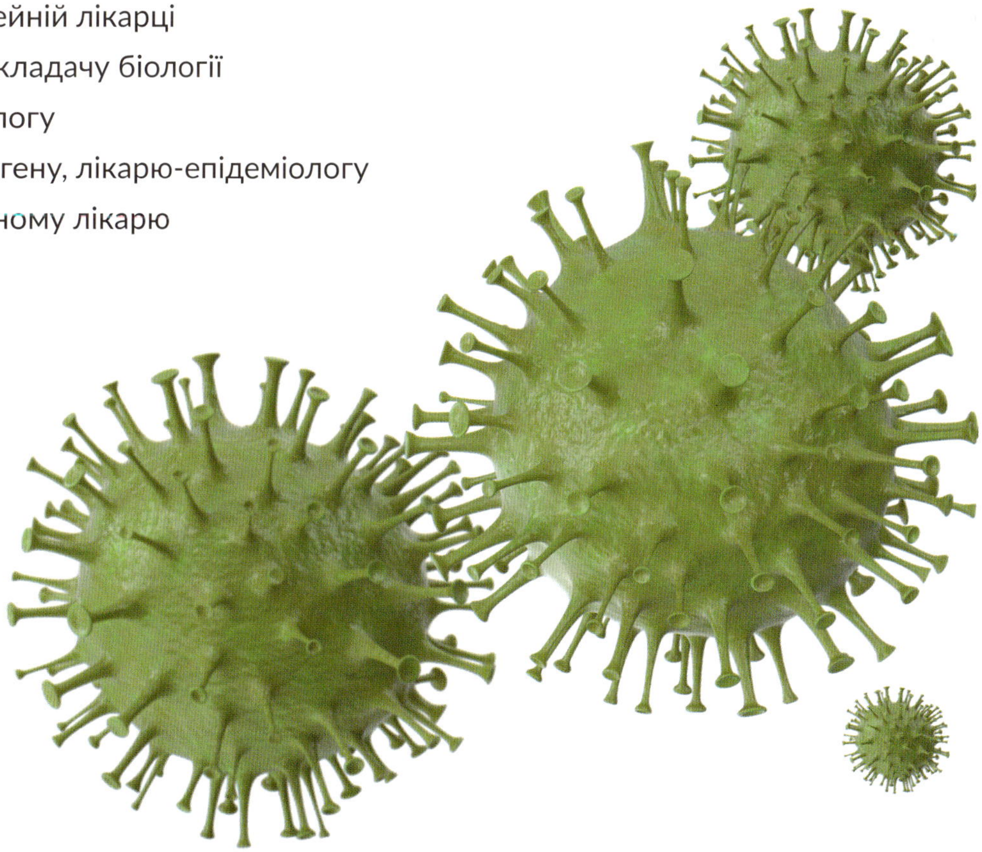

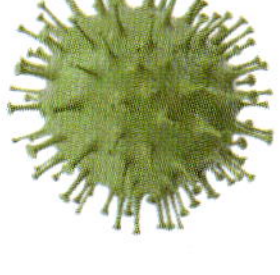